BEI GRIN MACHT SICH IHR WISSEN BEZAHLT

- Wir veröffentlichen Ihre Hausarbeit, Bachelor- und Masterarbeit

- Ihr eigenes eBook und Buch - weltweit in allen wichtigen Shops

- Verdienen Sie an jedem Verkauf

Jetzt bei www.GRIN.com hochladen und kostenlos publizieren

David Parkmann

Wirtschaftsförderung im bayerisch-tschechischen Grenzgebiet

GRIN Verlag

Bibliografische Information der Deutschen Nationalbibliothek:

Die Deutsche Bibliothek verzeichnet diese Publikation in der Deutschen National-
bibliografie; detaillierte bibliografische Daten sind im Internet über http://dnb.d-
nb.de/ abrufbar.

Impressum:

Copyright © 2005 GRIN Verlag GmbH
Druck und Bindung: Books on Demand GmbH, Norderstedt Germany
ISBN: 978-3-638-75016-5

Dieses Buch bei GRIN:

http://www.grin.com/de/e-book/43097/wirtschaftsfoerderung-im-bayerisch-tsche-
chischen-grenzgebiet

Wirtschaftsförderung im bayerisch-tschechischen Grenzgebiet

Spezialseminar:

Regionalenwicklung und Regionalplanung in Österreich und
Bayern
SS 2005

Regionale Wirtschaftsförderung im bayerisch-tschechischen Grenzgebiet

Inhalt:

Die wirtschaftliche Schwäche des bayerisch-tschechischen Grenzgebietes

Das bayerisch-tschechische Grenzgebiet steht nach der Wende und nach dem EU-Beitritt der osteuropäischen Länder in einer wirtschaftlich wegweisenden Phase. Aus einer Randlage Europas rückt Ostbayern innerhalb von ca. 15 Jahren in die Mitte der europäischen Union und des liberalisierten grenzüberschreitenden Marktes. Dies birgt durch das Lohn- und Preisgefälle einen erhöhten Konkurrenzdruck, aber auch neue Märkte welche erschlossen werden können.
Eine hinzukommende Schwierigkeit ist das Fördergefälle zu Tschechien. Dies zeigen die Erfahrungen in den Grenzgebieten zu Thüringen und Sachsen, wo die Förderhöchstsätze für Arbeitsplatzschaffende Investitionen bei 35 % für große Unternehmen beziehungsweise 50 % für KMU liegen (das gleiche gilt für die Tschechische Republik), sind in Bayern höhere Fördersätze (18 % für große Unternehmen, 28 % für KMU) durch die Vorgaben der EU ausgeschlossen. Unter diesen Rahmenbedingungen wird es immer schwieriger, Betriebe auf bayerischer Seite anzusiedeln beziehungsweise zu halten, da die gesamte tschechische Republik außer Prag Höchstfördergebiet ist. Das ostbayerische Grenzland wird sich dann einem ähnlich starken Fördergefälle mit den gleichen Konsequenzen für die Wirtschaft ausgesetzt sehen, wie Nordbayern nach der Wende.
(vgl. http://www.stmwivt.bayern.de/pdf/europa/EU-Osterweiterung.pdf)

Einzelne Bereiche der bayerischen Wirtschaft sind durch die EU-Osterweiterung wie folgt betroffen:

Dienstleistungen:
Grenzüberschreitende Dienstleistungen zwischen der alten EU und den neuen Beitrittsländern unterliegen derzeit noch beträchtlichen Beschränkungen. Vor allem nachfrageorientierte Dienstleistungen und wichtige Teile des Handwerks wie z.B. Bauleistungen, die vor Ort erbracht werden müssen und grenzüberschreitende Mobilität des Anbieters erfordern sind betroffen. Ihr Angebot wird durch Beschränkungen der Dienstleistungsfreiheit sowie der Arbeitnehmerfreizügigkeit derzeit noch gestoppt. Es gibt eine nach Mai 2004 geltende siebenjährigen Übergangsregelung für die Dienstleistungsfreiheit in den Bereichen Baugewerbe, Innenausstattung und Gebäudereinigung. In diesen Branchen sind die Chancen verbessert, dass die

Anpassung an den neuen Konkurrenzdruck zumindest mit geringerem „Schock-Effekt" vollzogen werden kann.
Die Auswirkungen der Osterweiterung auf die verschiedenen Dienstleistungsbranchen sind unterschiedlich, je nachdem ob sie eher vom Personal oder Kapitaleinsatz abhängen. Humankapitalarme unternehmensorientierte Dienste mit hoher Sachkapitalintensität, wie z.b. Leasing, Luftfahrt und Fernmeldedienste, sowie der Großhandel haben keine bedeutenden Wettbewerbsnachteile. Humankapitalarme Branchen, deren Wettbewerbsfähigkeit entscheidend durch die Lohnkosten bestimmt werden, wie z.b. Straßengütertransportgewerbe, gewerbliche Personenbeförderung auf der Straße, Post- und Kurierdienste, Schutz- und Reinigungsdienste sind nun einem erhöhten Konkurrenzdruck ausgesetzt. Personenorientierte Dienstleistungen in humankapitalintensiven Branchen, wie z.b. im Erziehungs- und Unterrichts sowie Sozialwesen sind sehr stark reguliert und Grenzüberschreitungen bei diesen Dienstleistungen in der EU weitgehend ausgeschlossen. Humankapitalärmere personenbezogene Dienste mit hohem Kapital- oder Marketingaufwand, wie z.B. Film, Video, Versandhandel, sowie mit Einbindung in bestehende Logistiksysteme, wie z.b. Kfz-Handel und Reisebüros haben keine Schwierigkeiten sich durchzusetzen. Humankapitalärmere und lohnkostensensible Dienste, wie z.B. Friseurgewerbe, Teile des Einzelhandels und Kfz-Reparatur, welche vor allem im Grenzgebiet lokalisiert sind, werden unter verschärften Konkurrenzdruck geraten. In diesem Bereich arbeiten in Bayern 44,6 % aller Beschäftigten in personenbezogenen Diensten. (vgl. Bayerische Staatskanzlei. 2003. S.24)

Die grenzüberschreitende Gesundheitsversorgung ist in der EU bereits jetzt zunehmend liberalisiert. Diese Entwicklung wird durch die Osterweiterung stark verstärkt werden. Dadurch dürfte die Konkurrenz im Gesundheitssektor zunehmen. Gesundheitsleistungen werden durch Tschechien, Ungarn und Polen schon jetzt auch in Deutschland angeboten. Bayerische Krankenhäuser haben die Möglichkeit, mit benachbarten ausländischen Einrichtungen Kooperationen zu bilden und Synergieeffekte zu nutzen bzw. eine etwaige geringe Auslastung zu verbessern. Da es generell an Ärzten und Pflegekräften mangelt, ergeben sich weitere Chancen. (vgl. Bayerische Staatskanzlei. 2003. S.25)

Verarbeitendes Gewerbe:
Da der Warenhandel aufgrund der Assoziierungsabkommen schon seit Anfang der 90er Jahre weitgehend liberalisiert ist, wird sich durch die EU-Osterweiterung nicht mehr viel verändern. Ein Unterschied, beziehungsweise ein Problem bleibt das weiterhin bestehende Lohngefälle (im Jahr 2000 betrugen die Arbeitskosten je Stunde in Westdeutschland 25,80 €, in Polen 3,40 €, in Tschechien 3,00 € sowie in Ungarn und der Slowakei 2,80 €). Sach-, humankapital- und technologieintensive Branchen, wie Kokereien, Mineralöl- und Chemische Industrien, Metallerzeugung, Maschinenbau, elektrotechnische und optische Industrie sowie der Fahrzeugbau besitzen gegenüber den neuen EU-Staaten Wettbewerbsvorteile. Zu den arbeitsintensiven und humankapitalarmen Branchen mit sektoralen Wettbewerbsnachteilen gegenüber den neuen Beitrittsstaaten zählen das Ernährungs-, das Textil und Bekleidungs- sowie das Holzgewerbe, die Herstellung von Gummi und Kunststoffwaren sowie von

Metallerzeugnissen und von Möbeln, Schmuck und der Bereich Steine und Erden. (vgl. Bayerische Staatskanzlei. 2003. S.23)

Einzelhandel:
Mit dem EU-Beitritt Tschechiens werden noch bestehende Einfuhrbeschränkungen wegfallen und die Grenzen durchlässig. Mit einer weiteren Zunahme des grenzüberschreitenden Einkaufsverkehrs ist deshalb zu rechnen, wobei sich der Kaufkraftabfluss aus Bayern aufgrund des nach wie vor bestehenden Kaufkraftgefälles und der weiterhin deutlich günstigeren Preise in Tschechien verschärfen dürfte. Auf tschechischer Seite werden Einzelhandelsgroßprojekte gebaut, welche aufgrund landesplanerischer Restriktionen in Bayern nicht möglich wären. Dadurch könnte die Konkurrenzsituation für den grenznahen bayerischen Einzelhandel zusätzlich verschärft werden. Der EU-Beitritt wird allerdings auch Vorteile mit sich bringen. Zum einen werden die Qualitätsanforderungen und sonstige Regulierungen, wie z.B. hygienische Vorschriften angeglichen, so dass die Preisvorteile Tschechiens abgemildert werden. In die gleiche Richtung dürften vorzunehmende Anpassungen von Steuern und Abgaben, wie z.B. auf Zigaretten wirken. Andererseits kaufen auch Tschechen im bayerischen Grenzland. Gründe hierfür sind derzeit vor allem Qualitätsvorteile und bessere Garantiebedingungen. (vgl. Bayerische Staatskanzlei. 2003.S.31)

Fremdenverkehr und Gastgewerbe:
Für den bayerischen Fremdenverkehr und das Gastgewerbe eröffnet die EU-Osterweiterung neue Chancen. Der Tourismus wird insgesamt zunehmen, die bisherigen bayerischen Grenzgebiete rücken vom Rand in die Mitte Europas und werden damit als Tourismusziele interessanter. Saison- und Gastarbeitnehmer aus osteuropäischen Ländern können mithelfen, den seit Jahren bestehenden Hilfsarbeitermangel im bayerischen Hotel und Restaurantgewerbe zu mildern. Es ist aber auch mit dem Aufkommen neuer Konkurrenz durch die Urlaubsregionen Tschechiens zu rechnen, auch im Bereich der Heilbäder und Kururlaube (z.B. tschechisches Bäderdreieck Karlsbad, Marienbad und Franzensbad). (vgl. Bayerische Staatskanzlei. 2003. S.26)

Handwerk:
Gerade im Bereich des Handwerks wird der verschärfte Wettbewerb infolge des starken Lohnkostengefälles spürbar. Geringere Sozialstandards sind ebenfalls ein Faktor. Zunehmende Schwarzarbeit, vor allem im direkten Grenzgebiet kommt erschwerend hinzu. Die Bau- und Ausbauhandwerke, Zahntechniker, Friseure, Kfz-Reparatur und Nahrungsmittelhandwerke mit Handel stehen hauptsächlich unter neuem Konkurrenzdruck. Das Handwerk ist zudem von einer Minderung der geltenden Anforderungen an die berufliche Qualifikation von EU-Ausländern im grenzüberschreitenden Dienstleistungsverkehr und bei der Niederlassungsfreiheit besonders betroffen. Eine intensivere Arbeitsteilung mit Tschechien bietet aber gerade auch für die Handwerksbetriebe besondere Chancen. Die neuen Märkte bieten auch neue Absatzmöglichkeiten. Durch Bezug lohnkostenintensiver, einfacher Produktionsteile sowie durch Kooperationen mit tschechischen Betrieben können die Kosten gesenkt werden. Dem Arbeitskräftemangel in manchen Teilbereichen des Handwerks kann mit dem Arbeitskräftepotential Tschechiens begegnet werden. Die Handwerksbetriebe können zudem ihre Wettbewerbsvorteile nutzen, über die sie bei

3

Know-how, Produkt- und Leistungsqualität, modernen Technologien sowie differenzierten Dienstleistungen verfügen. Hier kommt es für die Handwerksbetriebe darauf an, durch offensive Anpassungsstrategien ihre Marktposition im inländischen Markt zu festigen und die Markterschließung in den Beitrittsländern voranzutreiben. (vgl. Bayerische Staatskanzlei. 2003. S.27-28)

Bauwirtschaft:
Das Lohngefälle in der Bauwirtschaft ist vergleichbar mit dem im Verarbeitenden Gewerbe. Es ist davon auszugehen, dass speziell Baubetriebe in West und Südböhmen versuchen werden, den daraus resultierenden Wettbewerbsvorteil in Bayern zu nutzen. 1999 gab es in Tschechien 2.316 Bauunternehmen, davon rd. 2.000 mit jeweils bis zu 100 Beschäftigten. Der Anteil der Erwerbstätigen in der Bauwirtschaft ist sehr hoch und liegt in den westböhmischen Kreisen bei 6,7 % in Pilsen-Nord bis zu 13,2 % in Tachov/ Tachau. Für die ohnehin schon unter Rationalisierungszwang stehenden bayerischen Bauunternehmen entsteht spätestens mit voller Dienstleistungsfreiheit und trotz der langsamen Anpassung des Lohnkostengefälles eine erhebliche zusätzliche Konkurrenz. Auch unter Berücksichtigung des Arbeitnehmer-Entsendegesetzes verbleibt den tschechischen Bauunternehmen immer noch ein Kostenvorteil von bis zu 25 %. Die Werkvertragsarbeitnehmer aus der bisherigen EU wie z.B. Portugiesen und Iren werden nach und nach verdrängt und vermehrt grenzüberschreitende Kooperationen inländischer Baubetriebe mit polnischen und vor allem tschechischen Subunternehmen gebildet, wodurch einheimische Bauarbeitskräfte mit einfachen Qualifikationen zunehmend ersetzt werden. Illegale Praktiken speziell in grenznahen Regionen, bezüglich des Arbeitnehmer-Entsendegesetztes werden ansteigen. Die Übergangsfristen für die Dienstleistungsfreiheit müssen von der Bauwirtschaft genutzt werden, um sich an die veränderten Rahmenbedingungen anzupassen. (vgl. Bayerische Staatskanzlei. 2003. S.29)

Die ostbayerische Wirtschaft ist, wie beschrieben einem besonderen Druck ausgesetzt. Um sie zu fördern gibt es verschiedene Mittel aus Töpfen der EU, des Bundes und des Landes Bayern. Diese sollen nachfolgend dargestellt werden.

Europäische Mittel:

EFRE ZIEL 2:
2001 hat die Europäische Kommission das Ziel-2 Programm Bayern 2000-2006 im Hinblick auf die wirtschaftliche und soziale Umstellung von ländlichen und städtischen Gebieten mit Strukturproblemen genehmigt. Nach Zuweisung der Leistungsreserve im Jahr 2004 stellt die Europäische Union im Rahmen der Strukturfondsförderung 560 Mio. € zur Co-Finanzierung eines Regionalentwicklungsprogramms für Ziel-2-Gebiete und ehemalige Ziel-5b-Gebiete (Phasing-Out) zur Verfügung. Die Ziel-2 Fördergebiete erstrecken sich entlang der bayerisch-tschechischen Grenze, auf die Nürnberger Südstadt, die Innenstadt von Fürth, sowie die Stadt Schweinfurt. Da die Phasing-Out Gebiete sich nicht im bayerisch-tschechischen Grenzland befinden, wird hier nicht mehr genauer auf sie eingegangen. Finanziert werden die EU-Mittel aus dem Europäischen Fonds für regionale Entwicklung (EFRE) und dem Europäischen Sozialfonds (ESF). Der

EFRE leistet hierbei einen Beitrag zur Verringerung der Unterschiede im Entwicklungsstand und Lebensstandard der verschiedenen Regionen in der Europäischen Union. Der ESF hat die Entwicklung der Beschäftigung durch Förderung der Beschäftigungsfähigkeit, des Unternehmergeistes, der Anpassungsfähigkeit sowie der Chancengleichheit und der Investitionen in die Humanressourcen zum Ziel. Insgesamt bekommt das Land Bayern 499,6 Mio. € aus dem EFRE. Davon sind 238 Mio. € für Ziel-2 Gebiete bestimmt und 60,8 Mio. € aus dem ESF zusätzlich für Ziel-2 Gebiete. Diese Mittel stehen zur Verstärkung entsprechender finanzieller Eigenanstrengungen des Freistaates Bayern, der Kommunen und andere Maßnahmeträger zur Verfügung. Diese zusätzlichen EU-Strukturfondsmittel ermöglichen es, weit mehr Vorhaben bzw. bessere Konditionen im Programmgebiet zu gewähren, als dies allein mit Bundes- bzw. Landesmitteln möglich wäre. Die nationalen Förderbedingungen und Förderwege gelten demnach auch für die EU-Fördermaßnahmen. Die Fördergebiete sind in Abbildung 1 dargestellt.

Ziel-2 - Fördergebietskarte

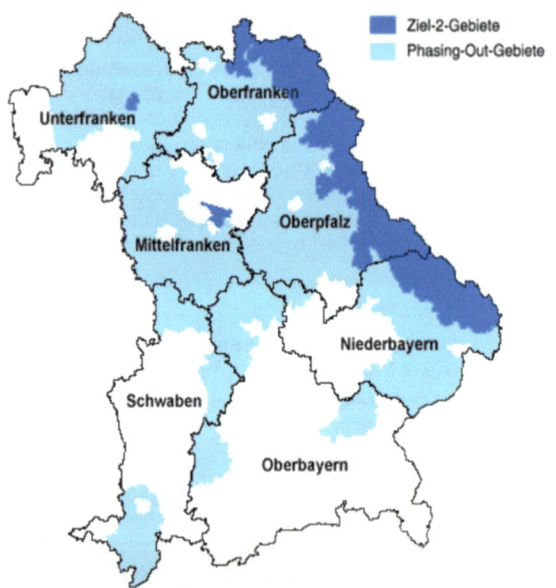

Abbildung 1: Ziel 2 und Phasing-Out Gebiete. (aus www.interreg.bayern.de)

Das bayerische Programmplanungsdokument sieht die Bündelung der einzelnen Förderbereiche in fünf Schwerpunkte vor:

1. Aufbau von Infrastruktureinrichtungen,
2. Unterstützung von kleinen und mittleren Unternehmen,

5

3. Entwicklungsmaßnahmen im Bereich Forschung, Technologie, Information und Kompetenzentwicklung,
4. Förderung des Tourismus,
5. Schaffung lebenswerter Stadtstrukturen und leistungsfähiger ländlicher Räume.

Das Bayerische Staatsministerium für Wirtschaft, Infrastruktur, Verkehr und Technologie trägt als zuständige Verwaltungsbehörde die Verantwortung für die Umsetzung der Programmplanung und ist fachlich für Maßnahmen im Wirtschafts- und Technologiebereich zuständig. Das Bayerische Staatsministerium für Arbeit und Sozialordnung, Familie und Frauen hat die Federführung für alle Maßnahmen des ESF. Weitere fünf bayerische Ressorts (Staatsministerium für Umwelt, Gesundheit und Verbraucherschutz, Staatsministerium des Inneren - Oberste Baubehörde, Staatsministerium für Landwirtschaft und Forsten, Staatsministerium für Unterricht und Kultus, Staatsministerium für Wissenschaft, Forschung und Kunst) setzen Maßnahmen ihren eigenen Zuständigkeitsbereichen um. (vgl. www.stmiwivt.bayern.de/efre/ziel_2)

INTERREG III A:

INTERREG III A ist die Fortführung der EU-Gemeinschaftsinitiative INTERREG II A zur Förderung der "grenzüberschreitenden Zusammenarbeit" in der aktuellen Förderperiode 2000 - 2006. Bayern ist jeweils mit der Tschechischen Republik, Österreich, der Schweiz und Liechtenstein an Programmgebieten beteiligt

Mit dem Geld aus dem INTERREG III A-Programm sollen grenzbezogene Barrierewirkungen abgebaut, zur nachhaltigen Verbesserung der Lebensbedingungen der Menschen, zur Steigerung der Attraktivität des Grenzraumes als Lebens - und Arbeitsraum, zur Erhöhung der Lebensqualität, zur Weiterentwicklung des Grenzraums zu einem gemeinsamen, zukunftsfähigen Lebens-, Natur- und Wirtschaftsraum und zur Steigerung der Wettbewerbsfähigkeit und Sicherung der Erwerbsmöglichkeiten in allen Teilräumen und für alle Bevölkerungsgruppen des Grenzraumes beigetragen werden.

Allgemeine Förderthemen sind hierbei:

1. Förderung des Unternehmertums;
2. Förderung von KMU, einschließlich im Fremdenverkehr;
3. Förderung lokaler Beschäftigungsinitiativen;
4. Unterstützung der Integration auf dem Arbeitsmarkt und der sozialen Eingliederung;
5. gemeinsame Nutzung der Humanressourcen und Einrichtungen in den Bereichen Forschung, technologische Entwicklung, Bildung, Kultur, Kommunikation, Gesundheit und öffentliche Sicherheit;
6. Förderung des Umweltschutzes und erneuerbarer Energieträger, Verbesserung der Energieeffizienz;
7. Verbesserungen in den Bereichen Verkehr, Informations - und Kommunikationsnetzwerke und -dienste, Wasser- und Energieversorgung;
8. Verstärkung der Zusammenarbeit in den Bereichen Justiz und Verwaltung;
9. Stärkung der Humanressourcen und des institutionellen Potentials für die grenzübergreifende Zusammenarbeit.

Fördervolumen:

Das Land Bayern erhält EU-Mitteln in Höhe von insgesamt knapp 95 Mio. €, welche sich
wie folgt aufteilen:
INTERREG IIIA bayerisch-tschechisches Grenzgebiet: 67,7 Mio. €
INTERREG IIIA bayerisch-österreichisches Grenzgebiet: 26,3 Mio. €
INTERREG IIIA Alpenrhein-Bodensee-Hochrhein-Region: 0,8 Mio. €

Vorraussetzung für eine Förderung durch das INTERREG III A Programm im bayerisch-
tschechischen Grenzland sind:

1. Das Fördergebiet sind die Landkreise Cham, Freyung-Grafenau, Hof, Neustadt
   an der Waldnaab, Regen, Schwandorf, Tirschenreuth und Wunsiedel im
   Fichtelgebirge sowie die kreisfreien Städte Hof und Weiden in der Operpfalz. In
   Ausnahmefällen ist eine Förderung in den Landkreisen Amberg-Sulzbach,
   Bayreuth, Deggendorf, Kronach, Kulmbach, Passau, Regensburg und Straubing-
   Bogen sowie in den kreisfreien Städten Amberg, Bayreuth, Passau, Regensburg
   und Straubing möglich. Das Projekt oder dessen Auswirkung muss im
   Fördergebiet oder im Ausnahmegebiet liegen.
2. Es sind nur Projekte förderfähig, die in Bayern und Tschechien durchgeführt
   werden oder bei denen, wenn die Durchführung nur Bayern betrifft, bedeutsame
   Auswirkungen auf Tschechien nachgewiesen werden können. Das Projekt muss
   in jedem Fall mit einem tschechischen Partner abgestimmt werden.

(vgl. http://www.interreg.bayern.de/interrega)

INTERREG III B:

INTERREG III B ist eine EU-Gemeinschaftsinitiative zur Förderung der "transnationalen
Zusammenarbeit und Entwicklung" in der aktuellen Förderperiode 2000 - 2006. Im
INTERREG III B Programm sollen insbesondere investitionsvorbereitende Maßnahmen
und kleinere Investitionen Vorrang haben.
Übergeordnete Zielsetzungen im Rahmen von INTERREG III B sind wirtschaftlicher und
sozialer Zusammenhalt, ausgewogene und nachhaltige Entwicklung und räumliche
Integration der Beitritts- und anderer Nachbarstaaten der Europäischen Union.
Allgemeine Förderthemen sind dabei:

• die Ausarbeitung territorialer Entwicklungsstrategien auf transnationaler Ebene,
  einschließlich der Zusammenarbeit zwischen Städten bzw. Stadtgebieten und
  ländlichen Gebieten,
• die Förderung leistungsfähiger und nachhaltiger Transportsysteme und ein
  verbesserter Zugang zur Informationsgesellschaft,
• der Schutz der Umwelt, der natürlichen Ressourcen, insbesondere der
  Wasserressourcen sowie des Kulturerbes.

Fördervolumen:

Bayern ist an drei Programmräumen mit einem Fördervolumen von rund 500 Mio. €, welche aus dem EFRE finanziert werden beteiligt. Im Gegensatz zu INTERREG III A gibt es bei INTERREG III B keine Quote oder Garantie für den Rückfluss der Gelder nach Bayern, bzw. Deutschland. Ausschlaggebend ist die Zahl der bayerischen Projektanträge, sowie ob diese mit den Interreg-Richtlinien konform sind und entsprechend bewilligt werden.

Kooperationsräume / Programmgebiete:

Die Förderung unter INTERREG III B erfolgt in im Gegensatz zu INTERREG III A in transnationalen Kooperationsräumen. Für die jeweiligen Kooperationsräume wurden von den dort beteiligten Staaten spezifische Verwaltungsstrukturen und Förderschwerpunkte geschaffen. Bayern ist in den Kooperationsräumen Alpen, Mitteleuropa, Adria, Donau und Südosteuropa, sowie Nordwesteuropa beteiligt. In die jeweiligen Fördergebiete fallen folgende bayerische Regierungsbezirke:

- Programmgebiet Alpen: Regierungsbezirke Oberbayern und Schwaben.
- Programmgebiet Mitteleuropa, Adria, Donau und Südosteuropa: ganz Bayern.
- Programmgebiet Nordwesteuropa: Regierungsbezirke Mittelfranken, Oberfranken, Schwaben und Unterfranken.

(vgl. http://www.interreg.bayern.de/interregb)

INTERREG III C

Bayern ist zwar im Fördergebiet INTERREG III C Ost, es soll aber insbesondere Gebieten die keine gemeinsame Grenze haben ermöglichen, miteinander in Kontakt zu treten und ist hat eine Priorität an den EU-Aussengrenzen. Daher wird hier nicht weiter auf INTERREG III C eingegangen. (vgl. http://www.interreg.bayern.de/interregc)

Bundesmittel:

Da für die regionale Wirtschafsförderung in der Bundesrepublik Deutschland gemäß dem Grundgesetz primär die Gemeinden und die Länder zuständig sind, hilft der Bund im Rahmen der Bund-Länder Gemeinschaftsaufgabe „Verbesserung der regionalen Wirtschaftsstruktur" nur, wenn die „Aufgaben für die Gesamtheit bedeutsam sind und die Mitwirkung des Bundes zur Verbesserung der Lebensverhältnisse erforderlich ist. Als Vorraussetzung für die Förderung gilt der sogenannte Primäreffekt, welcher besagt, dass ein Investitionsvorhaben dann gefördert werden kann, wenn es geeignet ist, durch die Schaffung zusätzlichen Einkommens das Gesamteinkommen in dem jeweiligen Wirtschaftsraum unmittelbar und auf Dauer zu erhöhen. Diese Vorraussetzung wird als erfüllt angesehen, wenn die zu fördernde Betriebsstätte ihre Güter oder Leistungen überwiegend (zu mehr als 50%)überregional absetzt. In Bayern gibt es ausschließlich C-Fördergebiete, welche bis zu 28 % große Unternehmen und bis zu 18 % KMU fördern und D-/E-Fördergebiete, welche große Unternehmen mit bis zu 15 % und KMU bis zu

7,5 % fördern. Die Fördergebiete sind in Abbildung 2 zu sehen. (vgl. Bayerische Staatskanzlei. 2003. S.33)

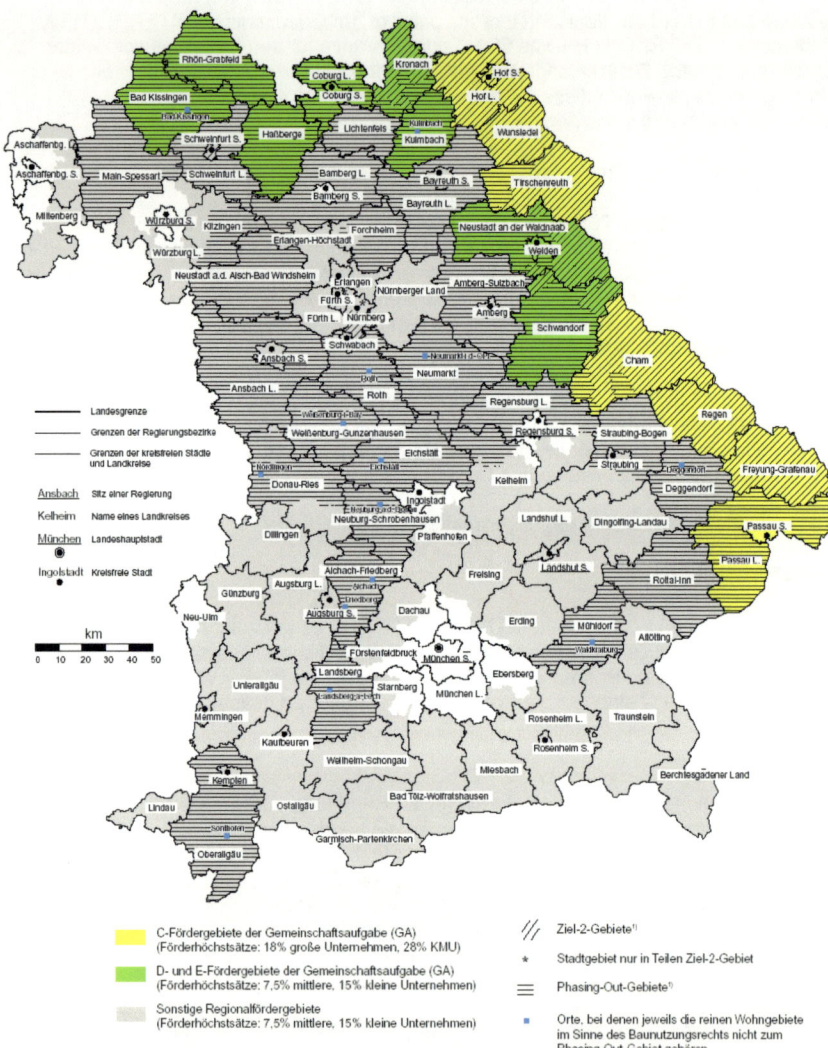

Abbildung 2: Fördergebietskarte der Gemeinschaftsaufgabe und der EU-Strukturfonds (aus: http://www.stmwivt.bayern.de/pdf/wirtschaft/Foerdergebietskarte.pdf)

Landesmittel:

Zur Stärkung des bayerisch-tschechischen Grenzgebietes hat das Land Bayern ein "Ertüchtigungsprogramm Ostbayern" aufgestellt um die Wirtschaft zu unterstützen. Es soll zum Entstehen von Strukturen beitragen, die dem neuen Wettbewerb in Europa standhalten können. Gefördert werden sollen Investitionen und Unternehmensansiedlungen in den Grenzgebieten zur Tschechischen Republik. Das "Ertüchtigungsprogramm Ostbayern" ist mit einem Volumen von 100 Mio. € aus Privatisierungserlösen dotiert. 10 Mio. € sind bereits für den Ausbau des Flughafens Hof-Plauen vorgesehen. Diese Mittel sind Teil der insgesamt 31,8 Mio. € an zugesagten staatlichen Fördermitteln für dieses Projekt. Auf die begleitenden Maßnahmen in den Bereichen Beratung, Qualifizierung, Standortmarketing, Verbundforschung, Unternehmensnetzwerke, Innovationsberatung entfallen Fördermittel in Höhe von 8,7 Mio. €. 81,3 Mio. € werden für die Verstärkung der Investitionsanreize in der Regionalförderung eingesetzt. Bei diesen Mitteln existiert keine Vorab-Verteilung auf die einzelne n Landkreise oder kreisfreie Städte. Die Inanspruchnahme der Mittel für konkrete Einzelmaßnahmen ist vielmehr vom Investitionsverhalten der Wirtschaft abhängig. Eine regionale Quotierung ist daher weder möglich noch sinnvoll. Das Standortpaket umfasst folgende Programmteile: Die Investitionsanreize in der Regionalförderung werden durch Erhöhung der Fördersätze innerhalb des zulässigen beihilferechtlichen Rahmens gezielt verstärkt und vor allem in den Gebieten der Gemeinschaftsaufgabe "Verbesserung der regionalen Wirtschaftsstruktur", wo Investitionen großer Unternehmen mit Fördersätzen bis zu 18 %, Investitionen von KMU mit bis zu 28 % unterstützt werden können. (vgl. Bayerische Staatskanzlei. 2003. S.33)

Ein Beispiel für grenzüberschreitende Wirtschaftsförderung. Die EUREGIOs:

Die EUREGIOs tragen maßgeblich zur grenzüberschreitenden Kontaktaufnahme und Zusammenarbeit auf lokaler und regionaler Ebene bei. Sie erhalten eine eigene Quote zur Förderung von Projekten, die insbesondere der grenzüberschreitenden Begegnung und dem grenzüberschreitenden Erfahrungsaustausch dienen. Allein im Dispositionsfonds haben die beiden EUREGIOs an der bayerisch-tschechischen Grenze in den vergangenen zwei Jahren weit über 100 derartige Projekte gefördert. Die Aufwendungen der EUREGIO selbst werden bis zu 50 % aus den INTERREG III A - Mitteln der EU übernommen. Aufgrund der guten Kenntnis des Grenzgebietes sind die EUREGIOs darüber hinaus mit Stimmrecht in die gesamte Programmabwicklung von INTERREG III A eingebunden. (vgl. Bayerische Staatskanzlei. 2003)

Das Beispiel EUREGIO Bayerischer Wald – Böhmerwald – Unterer Inn:

Die EUREGIO Bayerischer Wald – Böhmerwald – Unterer Inn wurde 1994 als trilateraler kommunaler Verband im Grenzgebiet von Bayern, Böhmen und Österreich gegründet. In Bayern umfasst es die Landkreise Cham, Deggendorf, Freyung-Grafenau, Regen, Straubing-Bogen und Passau. Das Hauptziel der EUREGIO ist es, die kommunale Zusammenarbeit über Staatsgrenzen hinweg zu fördern.

Die EUREGIO ist ein eingetragener Verein nach nationalem Recht. Die jeweiligen Gebietskörperschaften sind Mitglieder in diesem Verein. Über die sprachlichen, kulturellen und Staats- "Grenzen" hinweg bilden sie eine Arbeitsgemeinschaft, mit der trilateral besetzten "EUREGIO-Versammlung" als oberstes Organ.

Die EUREGIO ist geprägt vom europäischen Gedanken der guten Nachbarschaft und soll helfen Vertrauen zu den Regionen des Nachbarlandes aufzubauen. Sie arbeitet mit, Gemeinsamkeiten der Geschichte, der Kultur und des öffentlichen Lebens neu zu beleben und greift seit 1994 über die ehemaligen Grenzen hinweg die Idee auf, Partnerschaften umzusetzen.

Nach langjähriger Aufbauarbeit sind die EUREGIO-Arbeitsbereiche heute:

• grenzüberschreitende gemeinsame Planung und Entwicklung
• Anlaufstelle für grenzüberschreitende Projekte
• Koordination wichtiger gemeinsamer Maßnahmen
• Mithilfe bei Projekten mit grenzüberschreitender Bedeutung.
• Beschaffung nationaler und internationaler Fördermittel (EU, Bund, Land)
(vgl. www.euregio-bayern.de)

Fazit:

Die bayerische Wirtschaft muss sich der Herausforderung EU-Osterweiterung stellen. Hierbei gilt, dass einige Bereiche der Wirtschaft einen Know-how, Qualitäts- und Technologievorsprung gegenüber den Anbietern in Osteuropa haben und diesen für die Erschließung des neuen größeren Marktes nutzen können. Andere vor allem humankapitalarme Bereiche sind einem gewachsenen Konkurrenzdruck ausgesetzt. Es ist zu erwarten, dass weite Teile der tschechischen Republik auch nach Auslauf der Förderperiode 2000 – 2006 Ziel 1 Gebiete bleiben. Wenn Ostbayern dann nicht mehr gefördert wird, wird es schwierig sein neue Investoren in die Region zu locken. Es gilt die bestehenden Förderungen zu nutzen und sich in den Übergangsphasen, welche bis 2013 noch Einschränkungen für die neuen EU-Länder mit sich bringen an den neuen Markt anzupassen. Helfen können dabei auch nach Ablauf der Ziel 2 Förderung (INTERREG III A läuft erst 2008 aus) die Euregios Bayerischer Wald - Böhmerwald – Unterer Inn und Egrensis, welche den Unternehmen darin assistieren ein Verständnis für die Mitgliedsländer und deren Markt zu schaffen und grenzüberschreitende Synergien aufzubauen.

Literaturliste:

Bayerische Staatskanzlei (Hrsg.): Bericht über die Vorbereitung Bayerns auf die Osterweiterung. (Mintzel-Druck) Hof/Saale. 2003.

Bayerisches STMWIVT (Hrsg.): EU-Regionalförderung. Ziel-2-Programm in Bayern 2000-2006. (Mintzel-Druck) Hof/Saale. 2003.

Eckey, Hans Friedrich: Nationale Regionalförderung. In: Rudolf Ridinger & Manfred Steinröx (1995): Regionale Wirtschaftsförderung in der Praxis. (Verlag O. Schmidt) Köln.

Ridinger, Rudolf: Regionalförderung der EU und ihre Umsetzung in Deutschland. In: Rudolf Ridinger & Manfred Steinröx (1995): Regionale Wirtschaftsförderung in der Praxis. (Verlag O. Schmidt) Köln.

Internetquellen:

www.stmwivt.bayern.de/EFRE

www.stmwivt.bayern.de/EFRE/Ziel_2

www.interreg.bayern.de

http://www.stmwivt.bayern.de/pdf/europa/EU-Osterweiterung.pdf

www.euregio-bayern.de

www.stmwivt.bayern.de/pdf/wirtschaft/Foerdergebietskarte.pdf

letzter Abruf jeweils 13.8.2005.